ESPOIR ET SALUT

> *Notre espoir est dans la sagesse du peuple, notre salut sera dans la monarchie.*
> (E. G.)

ÉDOUARD GUILLEMIN

ESPOIR ET SALUT

*Notre espoir est dans la sagesse
du peuple, notre salut sera dans
la monarchie.*

(E. G.)

Deuxième édition.

PRIX : 20 CENTIMES

FONTAINEBLEAU

ERNEST BOURGES, IMPRIMEUR BREVETÉ
Rue de l'Arbre-Sec, n° 32.

—

1882

Le 29 septembre 1820, du haut du balcon des Tuileries, le roi Louis XVIII faisait entendre ces paroles à une foule immense et enthousiaste :

Mes amis, votre joie centuple la mienne, Il nous est né un enfant à tous. Cet enfant sera un jour votre père. Il vous aimera comme je vous aime, comme tous les miens vous aiment.

Henri - Charles - Ferdinand - Marie - Dieudonné D'ARTOIS, DUC DE BORDEAUX, venait de naître.

ESPOIR ET SALUT

> *Notre espoir est dans la sagesse du peuple, notre salut sera dans la monarchie.*
>
> (E. G.)

Le résultat des dernières élections législatives et sénatoriales impose à tous les catholiques, à tous les royalistes, à tous les honnêtes gens, une admirable et splendide mission ; un dévouement sans borne et des devoirs auxquels nul de nous ne manquera.

Le parti monarchique est vaincu, s'écrient de toutes parts les apôtres de la révolution et de la libre pensée !

Oui, nous sommes vaincus !

Mais il est des époques où les vaincus ont le droit de lever fièrement la tête.

Quand la victoire est devenue une vile courtisane, quand on voit à quelle espèce d'hommes elle prodigue ses faveurs, on se drape avec orgueil dans sa défaite, comme dans un manteau d'honneur.

Depuis onze ans la République est le gouvernement de

fait de la France : elle nous avait promis l'économie, la prospérité, la liberté et la paix.

Que nous a-t-elle donné?

Les dépenses augmentées année en année, l'agriculture écrasée, l'industrie profondément troublée, le commerce épuisé.

La magistrature, l'armée, l'administration désorganisées.

La religion publiquement attaquée, les sœurs de charité chassées des hôpitaux, les crucifix arrachés des écoles, l'éducation sans Dieu imposée à la nation, les religieux expulsés comme des malfaiteurs.

La paix et la dignité nationale compromises dans des aventures.

Voilà! Français, l'œuvre de la République.

Vous ne laisserez pas à ce gouvernement corrupteur et criminel, le temps de poursuivre et d'achever cette œuvre.

Rallions-nous tous à la monarchie qui seule peut nous donner aujourd'hui le repos, l'ordre et la sécurité dont nous avons tant besoin.

A la monarchie, représentée par un prince chrétien, honnête et loyal, qui, à la tête de la Maison de France, unie derrière lui, est prêt à venir demain commencer son œuvre de réparation.

Ne nous décourageons point, les grandes et nobles choses pour lesquelles nous combattons, ne reçoivent jamais de blessures mortelles, et quand elles tombent c'est pour se relever avec plus d'éclat.

Laissons donc passer l'orgie. !

Laissons passer cette cohue d'ambitions effrénées, d'appétits voraces, de convoitises brutales.

L'ignoble besogne commencée par les valets de Grévy et de Gambetta, va continuer.

Mais, courage, la lutte qui se poursuit ne tardera pas à prendre une forme qui en rendra le résultat définitif.

D'un côté la force brutale, de l'autre le droit; d'un côté la tyrannie, de l'autre la liberté; d'un côté la violence, de l'autre le calme superbe de la justice.

Donc, nous les seuls représentants de la justice et de la liberté, unis patriotiquement autour d'Henri V, confiant dans le bon droit de notre cause et dans le bon sens de notre pays, combattons sans faiblesse le principe révolutionnaire dont la République est l'expression; affirmons virilement les principes de la conservation sociale et nationale qui réside dans la Royauté. Et, si nous ne nous abandonnons pas à nous-mêmes, nous pouvons dire d'avance : nous resterons maître du champ de bataille.

Nous qui avons la loi du salut, notre devoir est de montrer constamment aux hommes de bonne foi le rétablissement de la monarchie traditionnelle comme la condition absolue du relèvement de la patrie, comme l'unique sauvegarde de tous les intérêts légitimes, comme l'indispensable égide de tous les droits et de toutes les libertés.

Résumons enfin :

Un catholique, un royaliste, un honnête homme ne

peut livrer sa foi, sa famille, son foyer domestique, ses intérêts, son pays aux républicains.

Avec horreur nous nous détournons de ces hommes qui ont exigé le vote de toutes les lois sacrilèges par lesquelles la République essaie d'anéantir notre religion :

Suppression d'une partie du budget des cultes.

Suppression de la loi sur le repos du dimanche.

Suppression de l'instruction religieuse dans les écoles.

Obligation du service militaire pour les séminaristes et les prêtres.

Expulsion des religieux des couvents.

Ruines des communautés religieuses de femmes par des impôts exorbitants.

Et cette œuvre satanique n'est point terminée.

Pauvre France!... La ruine, la guerre, la honte, l'agitation, l'inquiétude, l'oppression, voilà les bienfaits de la République.

Mais, espoir, nous savons en qui réside notre salut.

Notre espoir est dans la sagesse de tous les cœurs honnêtes qui ne cesseront de réagir aussi longtemps qu'il le faudra contre les doctrines révolutionnaires et impies, et les hommes animés d'une foi indomptable forment en France des légions innombrables.

Notre espoir est dans nos représentants à la Chambre qui sauront, malgré la stérilité de leurs protestations, défendre avec courage et énergie, nos droits violés et nos consciences outragées.

Et notre espoir est grand quand nous pensons aux hommes éminents, aux voix éloquentes, qui vont défendre devant une majorité féroce dans ses haines, tout ce que nous aimons, tout ce que nous respectons, tout ce que nous vénérons.

Ces hommes, qui se dévouent pour la défense de leur Dieu, de leur Roi et de leur patrie, l'histoire doit enregistrer leurs noms. Ils s'appellent :

Mgr Freppel, M. l'abbé Dagorne; MM. le comte de Mun, de La Rochefoucault duc de Bisaccia, le marquis de la Rochejacquelin, de Bélizal, de Largentaye, Boscher-Delangle, Baudry-d'Asson, de la Claye, Bourgeois, de Languinais, Lorois, du Bodan, prince de Léon, Leroy, Pain, de Saint-Aignan, Le Gonidec de Trassan, de la Villegontier, de la Rochette, de la Biliais, de la Turmelière, comte de Juigné, de Kermenguy, Villiers, de Perrochel, Ferdinand Boyer, de Guilloutet, de Soland, comte de Maillé, de Civrac, de Terves, Ancel, de la Bassetière, etc., etc.

Mais, à côté de la protestation de la parole, si utile qu'elle puisse être, elle est absolument insuffisante. Il faut la protestation de l'*action* et du sacrifice; il faut que nous soyons prêts à réparer tous les scandales et toutes les profanations.

Les catholiques de France qui ont si héroïquement et si généreusement soutenu la lutte jusqu'à ce jour se doivent à eux-mêmes de ne pas déchoir au moment où nous allons toucher au but. Aujourd'hui, nous traversons l'épreuve suprême : pour chacun de nous, elle sera la justification ; pour la patrie, elle sera le salut définitif et glorieux.

Espoir et salut, disons-nous au commencement de cette brochure.

Notre espoir, nous venons de dire, en quelques lignes, où il réside.

Notre salut, il est tout entier dans la monarchie.

En effet : depuis la mort de l'héroïque prince impérial, le parti bonapartiste a presque complètement disparu. La révolution représentée par les républicains n'a donc plus devant elle que la monarchie, la monarchie du droit ; de l'histoire et de la tradition, la monarchie du Roi avec le Roi et avec la France.

Et la monarchie ainsi comprise sera notre salut, parce que nous avons foi dans le programme de gouvernement que nous a exposé, dès 1856, Mgr le comte de Chambord.

Ce programme le voici :

« Exclusion de tout arbitraire ; le règne et le respect
» des lois ; l'honnêteté et le droit partout ; le pays sin-
» cèrement représenté, votant l'impôt et concourant à
» la confection des lois ; les dépenses sincèrement con-
» trôlées ; la propriété, la liberté individuelle et reli-
» gieuse inviolables et sacrées ; l'administration commu-
» nale et départementale sagement et progressivement
» décentralisées ; le libre accès pour tous aux honneurs
» et aux avantages sociaux ; telles sont à mes yeux
» les véritables garanties d'un bon gouvernement et

» tout mon désir est de pouvoir un jour me dévouer
» tout entier à l'établir en France. »

Voilà le régime que nous promet Henri V, c'est celui qui convient à notre cher pays et à l'avènement duquel tout vrai Français doit travailler.

Donc, n'hésitons pas :
Catholiques, vive Dieu !
Royalistes, vive le Roi !

PAROLES ROYALES

« Si jamais la Providence m'ouvre les portes de la France, je ne veux pas être le Roi d'une classe ni d'un parti, mais le Roi de tous. Le mérite et les services rendus seront les seules distinctions à mes yeux. »

(Henri V.)

*
* *

« Dieu, en me faisant naître, m'a imposé de grands devoirs envers la France. Je ne les oublierai jamais. Quand il m'appellera à les remplir, je serai prêt, sans orgueil et sans faiblesse. »

(Henri V.)

*
* *

« ... Ma plus grande consolation sur la terre étrangère est de m'occuper de tout ce qui peut contribuer à la gloire, au bonheur et à la prospérité de la France. »

(Henri V.)

« Ce que je désire c'est que la France me connaisse et qu'elle sache que je suis prêt à me dévouer tout entier à son bonheur. »

(Henri V.)

* * *

« J'appelle tous les dévouements, tous les esprits éclairés, toutes les âmes généreuses, tous les cœurs droits, dans quelques rangs qu'ils se trouvent et sous quelque drapeau qu'ils aient combattus jusqu'ici. »

(Henri V.)

* * *

« Mes dispositions sont toujours les mêmes et ne changeront jamais..... Exclusion de tout arbitraire, le règne et le respect des lois, l'honnêteté et le droit partout..... Le libre accès pour tous aux honneurs et aux avantages sociaux. »

(Henri V.)

* * *

« Je ne suis point un parti et je ne veux pas revenir pour régner par un parti. Je n'ai ni injure à venger, ni ennemi à écarter, ni fortune à refaire, sauf celle de la France. »

(Henri V.)

« Je ne ramène que la religion, la concorde et la paix, et je ne veux exercer de dictature que celle de la clémence. »

(Henri V.)

**

« Pénétré des besoins de mon temps, toute mon ambition est de fonder avec vous un gouvernement vraiment national, ayant le droit pour base, l'honnêteté pour moyen, la grandeur morale pour but. »

(Henri V.)

**

« Dieu aidant, nous fonderons ensemble et quand vous le voudrez, sur les larges assises de la décentralisation administrative et des franchises locales, un gouvernement conforme aux besoins réels du pays.

(Henri V.)

PROCLAMATION DU ROI

Français,

« Vous êtes de nouveau maîtres de vos destinées.

» Pour la quatrième fois, depuis moins d'un demi-siècle, vos institutions politiques se sont écroulées, et nous sommes livrés aux plus douloureuses épreuves.

» La France doit-elle voir le terme de ces agitations stériles, sources de tant de malheurs? C'est à vous de répondre.

» Durant les longues années d'un exil immérité, je n'ai pas permis un seul jour que mon nom fût une cause de division et de trouble; mais aujourd'hui qu'il peut être un gage de conciliation et de sécurité, je n'hésite pas à dire à mon pays que je suis prêt à me dévouer tout entier à son bonheur.

» Oui, la France se relèvera, si, éclairée par les leçons de l'expérience, lasse de tant d'essais infructueux, elle consent à rentrer dans les voies que la Providence lui a tracées.

» Chef de cette maison de Bourbon qui, avec l'aide de Dieu et de vos pères, a constitué la France dans sa puissante unité, je devais ressentir plus profondément que tout autre l'étendue de nos désastres, et mieux qu'à tout autre il m'appartient de les réparer.

» Que le deuil de la patrie soit le signal du réveil des nobles élans. L'étranger sera repoussé, l'intégrité de notre territoire assurée, si nous savons mettre en commun tous nos efforts, tous nos dévouements et tous nos sacrifices.

» Ne l'oubliez pas; c'est par le retour à ses traditions de foi et d'honneur, que la grande nation, un moment affaiblie, recouvrera sa puissance et sa gloire.

» Je vous le disais naguère : gouverner, ne consiste pas à flatter les passions des peuples, mais à s'appuyer sur leurs vertus.

» Ne vous laissez plus entraîner par de fatales illusions. Les institutions républicaines, qui peuvent correspondre aux aspirations de sociétés nouvelles, ne prendront jamais racine sur notre vieux sol monarchique.

» Pénétré des besoins de mon temps, toute mon ambition est de fonder avec vous un gouvernement vraiment national, ayant le droit pour base, l'honnêteté pour moyen, la grandeur morale pour but.

» Effaçons jusqu'au souvenir de nos discussions passées, si funestes au développement du véritable progrès et de la vraie liberté.

» Français, qu'un seul cri s'échappe de notre cœur :

» Tout pour la France, par la France et avec la France !

» HENRI.

» Frontière de France (Suisse), 9 octobre 1870. »

DE L'ÉDUCATION

AUX MÈRES CHRÉTIENNES.

C'est à vous, mères de famille, que je dédie ces quelques réflexions. Je n'ai point l'autorité d'un savant ni d'un théologien, mais élevé au sein d'une famille pieuse et à l'ombre d'une institution chrétienne, je ne saurais trop proclamer, restant en cela dans les idées de mes anciens condisciples, que l'enseignement catholique dépose dans les cœurs une semence qui ne périt jamais.

Donnez donc à vos fils, mères chrétiennes, l'éducation religieuse, et choisissez une institution catholique afin que Dieu devienne le véritable souverain de leur cœur.

A moi, si quelqu'un me disait que toutes les institutions et collège le sont, qu'il y a partout des aumôniers, une chapelle, qu'on s'y confesse la veille de toutes les grandes fêtes et qu'on y entend la messe, je répondrais hardiment que ce n'est point là ce que j'entends par l'éducation religieuse, et qu'on n'est pas chrétien pour l'être seulement à certaines heures du jour, à certains jours de la semaine. Une religion est comme une nation ; quand on en est le citoyen, on l'est depuis sa naissance jusqu'à sa mort.

Donc, si de vos fils vous voulez faire des hommes, des hommes honnêtes et forts, prêts à tous les combats de la vie, envoyez-les dans une institution où la religion domine tout et rayonne sur tout ; où le devoir soit un acte de foi, la discipline un acte de respect, l'étude une piété ; dans une institution qui ne soit ni une prison ni une caserne, mais une continuation, presque une dépendance de la famille même et de la première éducation donnée par vous, ô mères chrétiennes ! à vos chers enfants.

Envoyez-les dans une institution où l'on ne s'ennuie pas, où l'on aime ses maîtres, où l'on est aimé d'eux. où l'on travaille avec joie, avec espérance ; dans une institution enfin qu'on quitte souvent avec peine et où le souvenir vous amène quelquefois, quand, aux prises avec l'adversité et le malheur, on a besoin de conseils et de consolations.

N'est-ce pas la Religion qui, lorsque nous sommes séparés de ceux que nous aimons, nous aide à supporter les tourments de l'absence ? Et ne nous semble-t-il pas, lorsque nous les avons mis sous la garde de la Providence, qu'aucun danger ne puisse les atteindre ?

N'est-ce pas encore la Religion qui, à notre heure suprême, adoucit l'amertume de nos derniers moments et qui nous aide à franchir la distance qui nous sépare de l'éternité.

Malgré l'audace de nos gouvernants du jour qui, au nom de la liberté, ont osé porter une main impie et sacrilège sur des propriétés et sur de respectables et vénérables religieux, les institutions où la religion catholique est le principe sur lequel repose l'enseignement, existent et existeront malgré tout.

C'est au moment où nos ministres, dans leur politique hypocrite et athée, pensaient que l'enseignement religieux allait disparaître sans retour, que d'un bout à l'autre du pays, du Nord au Sud, de l'Est à l'Ouest, ces hommes à la foi ardente, au cœur généreux, aux noms illustres, dont l'influence était nécessaire, ont ajouté le concours de leur autorité et de leur or; plusieurs même, ne cédant qu'à la force, ont lutté avec courage contre des spoliations iniques que l'histoire appréciera sévèrement.

Si la liberté de l'éducation ne reste pas complète pour le père de famille, grâce à eux cependant nous conservons des institutions et des écoles d'où Dieu ne sera pas banni et où l'élément catholique présidera encore à l'instruction de nos fils.

Je ne suis pas ce qu'on appelle communément un dévot, j'ai une profonde aversion pour toutes les variétés de pruderie qui défigurent la vertu elle-même. A Dieu ne plaise que je veuille médire de tel ou tel mode d'éducation. J'expose mes idées comme je les ai, et voilà tout.

Ceci dit, en me tenant dans une réserve absolue, je veux rapidement et en quelques lignes parler de l'éducation essentiellement laïque.

C'est encore aux mères que je m'adresse plus spécialement.

Une mère n'abandonne jamais son enfant, c'est elle qui épie son premier sourire et essuie ses premières larmes, c'est elle qui le berce sur ses genoux, qui le nourrit de son lait, qui lui apprend à penser et à parler; c'est à elle que Dieu a confié la mission d'éveiller peu à peu et d'épanouir une âme immortelle. Et avec quels soins, quelles tendresses délicates elle accomplit sa tâche sainte!

L'enfant, au coin du foyer, protégé dans sa faiblesse, respecté dans sa pureté, s'élève et grandit.

Puis le moment arrive où il faut confier ce trésor à des mains mercenaires et inconnues.

Votre enfant est grand, de toutes parts on dit : « Envoyez-le au collège, il est temps qu'il apprenne quelque chose. »

C'est à ce moment, mères de famille, que souvent le collège laïque est l'ennemi des mères; qu'on y défait à plaisir l'éducation de la famille; qu'on y flétrit ce premier printemps.

De docile on y devient souvent mutin et entêté; d'affectueux et doux on y devient souvent égoïste et effronté; la droiture s'en va, souvent, devant la ruse, la sincérité devant le mensonge.

Les écoliers appellent souvent le collège laïque une *prison*, et ce nom-là convient vraiment à certains collèges. Aussi, comme dans une prison, on n'y obéit que par contrainte, et il n'est rien qu'on n'invente pour y éluder le devoir ou la règle; on y parle un affreux argot, et les maîtres y sont traités en geôliers; et, comme dans une prison encore, on s'y gâte bien des fois l'un l'autre, on s'y déprave l'esprit et le cœur. C'est là qu'on rencontre des incrédules, des libres-penseurs de treize ou quatorze ans; c'est là qu'on philosophe sur la société et la morale.

Je ne nie pas que cette habitude de collège disciplinée et militaire n'ait son utilité et, dans beaucoup de cas, sa nécessité même, car la vie est semée de combats, de fatigues, d'étapes lointaines et de marches forcées : donc on doit s'aguerrir pour vivre. Cette discipline militaire vous la rencontrez aujourd'hui dans les institutions religieuses à côté d'une autorité ferme, résolue, mais paternelle et morale, appuyée sur des principes qui ravivent la foi et touchent les cœurs innocents et purs.

La religion catholique, qu'on veut aujourd'hui exclure de l'Université laïque, souvenez-vous, mères chrétiennes, que c'est elle qui prend vos fils au berceau, qui les garde dans les alarmes, et que plus tard, à travers les vicissitudes et les angoisses, dans les fuites mêmes les plus désordonnées, on ne peut pas désapprendre ces premiers principes, pas plus qu'on oublie le charmant et vénéré sourire de sa mère.

Philosophes, savants et poètes égarés, pas un, à un moment quelconque de sa vie, par un retour sur lui-même, qui ne se soit souvenu avec bonheur des douces et consolantes croyances de sa jeunesse, et il n'y a que l'instruction catholique pour laisser dans le cœur de l'enfant devenu homme des racines aussi profondes.

CONCLUSION

Encore quelque temps d'orgie et, ainsi que nous le disons au commencement de cet opuscule, le salut de la France sera dans la monarchie.

Tout le démontre, tout l'atteste, et comme preuve nous voulons, en finissant, invoquer des voix autorisées et non suspectes pour nos adversaires.

« Le gouvernement monarchique est la meilleure garantie de nos libertés religieuses, politiques et civiles. C'est en même temps celui qui donne le plus de gages à la sécurité publique. »

(*Journal des Débats.*)

« Bien fous ceux qui croiraient que la France peut se passer de roi. »

(MIRABEAU.)

« Quand les peuples ont besoin de châtiments, Dieu

leur envoie des hommes pervers, des maîtres impitoyables ; et il ne détruit ces instruments de désolation que quand le mal qu'il fallait guérir est extirpé. »

(Plutarque.)

« Le sol français est un sol monarchique. Quatorze siècles de monarchie y ont fait pousser des racines bien difficiles à arracher. Croyez-vous qu'on puisse y faire éclore la République du jour au lendemain, comme un champignon ? »

(Extrait d'une conférence faite à Carcassonne, en 1879, par M. Marcou, radical.)

« Quand la Fortune veut grandir un prince, elle lui suscite des ennemis. »

(Machiavel.)

« Il y a quelque chose de plus respectable que le nombre, que le génie, que la gloire : c'est le droit. »

(Thiers.)

« La République ne compte point jusqu'ici parmi les gouvernements sérieux du pays. »

(Guizot.)

« Croyez-vous que les révolutions se fassent en di-

sant le mot pour lequel elles se font? Non. On s'empare
de toutes les circonstances qui peuvent émouvoir
l'opinion publique; et, à l'aide d'un tour de main, on
renverse le gouvernement. »

(Ledru-Rollin,)

Espérons que Dieu aura bientôt pitié de la France
et que d'un bout à l'autre de la patrie retentira un seul
cri :

Vive le Roi!

TABLE DES MATIÈRES

	Pages.
Espoir et salut	5
Paroles Royales	13
Proclamation du Roi	17
De l'éducation	21
Conclusion	27

www.ingramcontent.com/pod-product-compliance
Lightning Source LLC
Chambersburg PA
CBHW060612050426
42451CB00012B/2211